Bibliografische Information der Deutschen Nationalbibliothek:

Die Deutsche Bibliothek verzeichnet diese Publikation in der Deutschen Nationalbibliografie; detaillierte bibliografische Daten sind im Internet über http://dnb.d-nb.de/ abrufbar.

Impressum:

Druck und Bindung: Books on Demand GmbH, Norderstedt Germany
ISBN: 9783668607712

Dieses Buch bei GRIN:

https://www.grin.com/document/382678

Lasse Schneider

Regenerative Energie aus Solarthermiekraftwerken. Nachhaltige Entwicklung

GRIN Verlag

Jahrgang 2016/17

Facharbeit im Seminarfach

Nachhaltige Entwicklung

Regenerative Energie aus Solarthermiekraftwerken

von

Lasse Matti Schneider

Abgabetermin: 03.05.2017

Inhaltsverzeichnis

1 Einleitung/Vorwort

„Nachhaltigkeit“ spielte in den letzten Jahren der Energieforschung eine immer größer werdende Rolle. „Nachhaltigkeit“ verkörpert das Vorausdenken unserer Handlungen und das Achten darauf, welche Folgen jene Handlungen für uns, für unseren Planeten Erde und für die nachfolgenden Generationen haben werden. Der Begriff an sich kam das erste Mal 1713 in der „Silvicultura oeconomica“ von Hans Carl von Carlowitz in seiner heutigen Bedeutung auf.[1] Es ist z.B. nicht nachhaltig, den Regenwald zu roden und nichts nachzupflanzen, sowie nicht-regenerative fossile Brennstoffe, wie Kohle und Öl zu verbrennen oder den Atommüll dort zu lagern, wo er über mehrere Generationen präsent ist.

Klimawandel - hervorgerufen durch Schadstoff-Emissionen - war der ausschlaggebende Faktor, bei dem die Auswirkungen realisierbar waren, welche das Leben auf der Erde gefährdeten. Man fing an, nach einer Lösung zu suchen und brachte die regenerative Energiegewinnung auf den Markt. Bei diesen Energiegewinnungsmethoden werden nicht etwa die fossilen Brennstoffe zur Energieumwandlung benutzt, denn diese sind endlich und verbrauchbar. Bei regenerativen Energiequellen wird z.B. Wind bei Windkrafträdern oder die Sonne bei Photovoltaikanlagen zur Stromerzeugung verwendet. Das Themengebiet entwickelte sich ständig weiter. So auch die Technik zur regenerativen Energiegewinnung. Es wurden neue Techniken entwickelt, Energie umzuwandeln, ohne auf fossile Brennstoffe zurückgreifen zu müssen. Schon allein deshalb ist das übergeordnete Thema der „Nachhaltigkeit“ ein interessantes, da man nun viel weiter in die Zukunft denkt, damit die nachfolgenden Generationen auch noch eine Erde haben, auf der sie ihr Leben leben können.

Es gibt viele verschiedene Techniken zur regenerativen Energiegewinnung, die bereits auf der ganzen Welt Verwendung finden. Bestimmte Techniken, bei denen die Kraft der Sonne durch eintreffende Sonnenstrahlen eine Rolle spielt, heißen Solaranlagen. In dem Bereich der Solaranlagen gibt es noch weitere Unterkategorien, doch auf eine bestimmte Technik möchte ich hier zu sprechen kommen. Jene Technik wird bei „Solarthermiekraftwerken“ angewandt, welche weltweit verbreitet sind. Ein nennenswertes Kraftwerk ist beispielsweise das Sonnenwärmekraftwerk Ivanpah, 80 Kilometer südwestlich von Las Vegas, USA. Dieses Kraftwerk ist seit 2014 in Betrieb, ist 14 Quadratkilometer groß und hat eine Leistung von 392 MW, was genug ist, um 140.000 Haushalte zu versorgen.[2]

Das erste Solarthermiekraftwerk, das zum Einsatz kam, wurde 1912 in Maadi, Ägypten von Frank Shuman und Charles Boys errichtet. Es hatte eine Gesamtfläche von 1200

1 Vgl. U Grober 2013, S. 46.
2 Hochschule Darmstadt (13.04.2017)

Quadratkilometern, kostete 31.200 Mark und lieferte „bei [einer] zehnstündigen Arbeitszeit pro Tag Dampf für 50 Pferdekräfte".[3] Solarthermiekraftwerke sind von der Technik her älter als Photovoltaik-Anlagen, welche erst ab 1954 zur Stromversorgung von Telefonkommunikationsstationen[4] Verwendung fanden.

Meine Facharbeit ist auf die Technik der Solarthermiekraftwerke, die ökonomischen und ökologischen Aspekte, das heißt ihre Effizienz und Wirtschaftlichkeit und ihre Entwicklung in dem heutigen Globalmarkt ausgerichtet. Ich werde mich dabei größtenteils auf bereits vorhandene Fachbücher, Dissertationen und Berichte beziehen, und mich mit Hilfe von Rechnungen auf diese stützen, um am Ende dieser Arbeit die Frage beantworten zu können:

Wie effizient sind Solarthermiekraftwerke im Vergleich zu anderen regenerativen Energiequellen und wie entwickelt sich diese Technik weltweit?

Ich erwarte, dass die Beantwortung jener Fragestellung aussagt, dass Solarthermiekraftwerke unter den Gesichtspunkten der ökologischen und ökonomischen Aspekte besser sind, als andere regenerative Energiequellen, wie z.B. Photovoltaikanlagen.

2 Technik der Solarthermiekraftwerke

2.1 Allgemeine Technik

Wie bereits in der Einleitung erwähnt, nutzen Solarthermiekraftwerke die Kraft der Sonne, um elektrischen Strom zu erzeugen. Obwohl es verschiedene Aufbauten einzelner Kraftwerke gibt, machen alle von dem selben Prinzip Gebrauch.

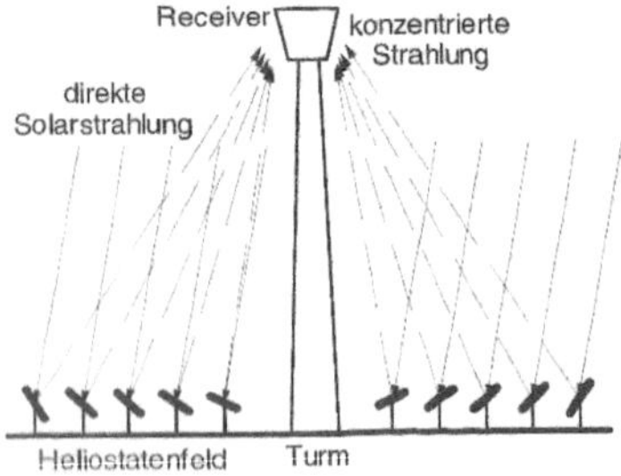

Abb.1 Darstellung eines Solarturmkraftwerkes[6]

Einfallende Sonnenstrahlen werden von Spiegeln reflektiert, damit sie ein Wärmeträgermedium[5] erhitzen, welches Dampf im Dampferzeuger erzeugt und so eine Turbine mit Stromgenerator antreibt. Das heißt, dass der letzte Schritt zur Stromerzeugung durch Solarstrahlung wie ein konventionelles Dampfkraftwerk funktioniert.

3 H. Herzberg 1914, S.5
4 W. Blum 1996 S.1
5 Als Wärmeträgermedium kann Wasser, Öl aber auch flüssiges Salz dienen.
6 M. Kaltschmitt, W. Streicher, A. Wiese 2006, S. 609

Das Wärmeträgermedium kann dabei Temperaturen von über 700°C erreichen.[7] Die gesamte Apparatur darf nicht zu heiß werden, da die Verluste mit der vierten Potenz der Absorbertemperatur[8] zunehmen. Das heißt, dass der Wirkungsgrad abnimmt, wenn das Kraftwerk zu heiß wird.

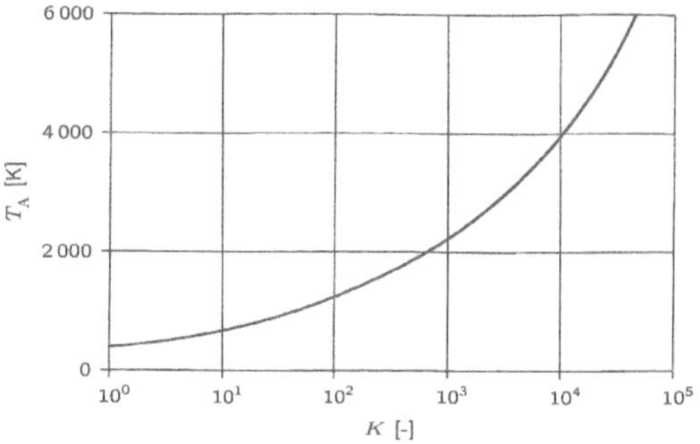

Abb.2 Diagramm zur Veranschaulichung der Temperaturerhöhung des Absorbers durch die Konzentrationserhöhung[9]

Diese Grafik zeigt an, dass die Absorbertemperaturen T_A exponentiell ansteigen, wenn sich das Konzentrationsverhältnis K der Sonnenstrahlen erhöht.

Die Energiebilanz der Kraftwerke, bei der die Verluste mit einberechnet werden, kann mit einer zusammengesetzten Formel errechnet werden. Verluste sind hierbei Abstrahlung im langwelligen Bereich, Reflexion am Absorber und Wärmeverlust durch Konvektion.[10]

Die Formel besteht aus dem Reflexionskoeffizienten p_A [11], dem Emissionskoeffizienten ε_A [12], der Wärmeübergangszahl α_K [13], sowie der Temperatur des Absorbers T_A, seiner Oberfläche A_A, der Leistungsdichte der Solarstrahlung $\dot{q}_A$, der Strahlungszahl σ_S [14] und dem Quotienten der Nutzwärme $\dot{Q}_N$ [15] durch die Fläche A_A:

$$\dot{q}_N = \frac{\dot{Q}_N}{A_A}$$

7 Deutsches Zentrum für Luft- und Raumfahrt (DLR), Institut für Solarforschung (17.04.2017)
8 Der Absorber absorbiert die reflektierte Solarstrahlung der Spiegel und wandelt sie in Wärmeenergie um, damit das Wärmeträgermedium erhitzt werden kann.
9 Karl Strauß 2006, S. 468
10 Strömungsbewegung der Luft (Wind), die heiße Luft wegträgt.
11 Amplitudenverhältnis zwischen reflektierter und einfallender Welle beim Übergang in ein Ausbreitungsmedium.
12 Gibt an, wie viel Strahlung ein Körper im Verhältnis zu einem schwarzen Körper abgibt.
13 Fähigkeit von Objekten, Energie abzugeben.
14 Physikalische Konstante $\sigma_S = 5{,}67 \cdot 10^{-8}\ W/m^2K^4$
15 Wärme wird zum Erhitzen des Wärmeträgermediums entzogen.

Zusammengesetzt lautet die Formel dann:

$$\dot{q}_A A_A = \dot{q}_N A_A + \varepsilon_A \sigma_S (T_A^4 - T_U^4) A_A + \alpha_K (T_A - T_U) A_A + p_A \dot{q}_A A_A$$ [16]

Die Gleichung zeigt auf, dass die Energiebilanz des Kraftwerks abhängig von der Temperatur des Absorbers, dem Absorbermaterial an sich und der Leistungsdichte der zugeführten, konzentriert gebündelten Solarstrahlung ist, mit der das Wärmeträgermedium erhitzt wird. Folglich nimmt die Energiebilanz ab, wenn die Leistungsdichte der Solarstrahlung abnimmt. Für eine effiziente Stromerzeugung benötigen diese Kraftwerke daher eine große Globalstrahlung[17].[18] Globalstrahlung in der erforderlichen Konzentration ist in sonnigen Ländern oder Gebieten der Erde - wie bei dem südwestlich von Las Vegas stehenden Ivanpah in den USA - gegeben.

Es wird zwischen verschiedenen Unterkategorien von Solarthermiekraftwerken unterschieden, von denen ich zwei näher erläutern möchte: Heliostaten (Solarturmkraftwerke) und Parabolrinnen-/Paraboloidkollektoren. Sie unterscheiden sich in ihrer punkt- bzw. linienkonzentrierten Reflektionsmethode, um das Wärmeträgermedium zu erhitzen.[19] Zu den punktkonzentrierten solarthermischen Stromerzeugungsanlagen gehören die Heliostaten und Paraboloidkollektoren. Zu den linienkonzentrierten solarthermischen Stromerzeugungsanlagen gehören die Parabolrinnenkollektoren.

2.2 Heliostaten/Solarturmkraftwerke

Solarturmkraftwerke, die auch Zentralreceiverkraftwerke genannt werden, sind Solarthermiekraftwerke, bei denen ein hoher Turm von mehreren tausend, zweiachsig beweglichen Spiegeln umgeben wird. Die Spiegel leiten einfallende Sonnenstrahlen gebündelt und konzentriert auf die Spitze des Turms, wo sich ein Receiver befindet. Der Receiver absorbiert die Sonnenstrahlung mit einem Absorbermaterial, z.B. poröser Keramik, um das Wärmeträgermedium zu erhitzen.[20] Für eine stabilere und länger andauernde Erhitzung des Wärmeträgermediums kann zusätzlich noch fossiler Brennstoff zur Zufeuerung hinzugegeben werden, damit mehr Volllaststunden im Jahr erreicht werden können. Hier wird zwischen verschiedenen Techniken des Receivers unterschieden: Dem Wasser-/Dampf-Receiver und dem offenen, volumetrischen Luftreceiver.

Der ***Wasser-/Dampf-Receiver*** wurde in den ersten ausgeführten Kraftwerken verwendet, jedoch ist seine Technik umstritten und wird heute nicht mehr angewendet, da es u.a. zur

16 Karl Strauß 2006, S. 468
17 Kombination aus Direkt- und diffuser Himmelsstrahlung
18 Vgl. Karl Strauß 2006, S. 480
19 M. Kaltschmitt, W. Streicher, A. Wiese 2006, S. 608
20 M. Kaltschmitt, W. Streicher, A. Wiese 2006, S. 612

Überhitzung des Wärmeträgermediums und damit zur Materialermüdung, bzw. zu Verlusten kommen kann.[21] Wasser-/Dampf-Receiver haben eine ähnliche Aufbauweise, wie ein Salz-Rohrreceiver.

Hier trifft punktkonzentrierte Solarstrahlung auf den Receiver und das Wärmeträgermedium (in diesem Fall flüssiges Natrium- oder Kaliumnitrat) wird mit dem Verteiler durch die Wärmeübertrager-Rohre geleitet. Dabei wird es erhitzt und durch den Sammler am oberen Ende zum Salz-Wasser-/Dampf-Wärmetauscher geführt. Das erhitzte Salz dient gleichzeitig auch als Wärmespeicher, um die Anlage ohne Solarstrahlung weiter zu betreiben.

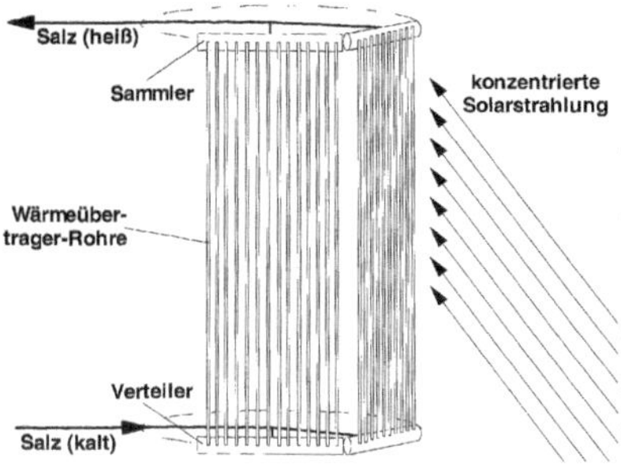

Abb.3 Schematische Darstellung eines Salz-Rohrreceivers[22]

Ein weiterer großer Nachteil eines Salz-Rohrreceivers ist, dass das Salz während der Betriebspausen flüssig gehalten werden muss. Dies stellt jedoch hohe Anforderungen an Montage und Regelung und benötigt wieder Energie. Der Eigenenergieverbrauch wird während der Betriebspausen trotz des vorhandenen Wärmespeichers in die Höhe getrieben, was letztendlich dazu geführt hat, dass dieser Bauart der Solarturmkraftwerke heutzutage nicht mehr nachgegangen wird. Durch das Small Solar Power Systems (SSPS) Projektes wurden zwei solcher Salz-Rohrreceiver für Natrium gebaut und getestet. Aber unsachgemäße Reparaturen führten zu einem Natriumbrand, welcher ein ausschlaggebender Faktor in der Abschaffung dieser Receivertechnik war.[23]

Ein ***offener, volumetrischer Luftreceiver*** hat deutlich mehr Vorteile, als ein Wasser-/Dampf-Receiver. Ein Luftreceiver benutzt Luft als Wärmeträgermedium, welches ungiftig, nicht korrosiv, unbrennbar, überall verfügbar, sowie leicht zu handhaben ist.[24] Obwohl Luft eine geringere Wärmekapazität als flüssiges Salz hat, erweist es sich als besseres Wärmeträgermedium, da es nicht zur Materialermüdung des Receivers und damit zu Verlusten kommt.

Bei diesem Modell trifft konzentrierte Solarstrahlung auf den Absorber, welcher heiße Luft zum Dampferzeuger führt. Von dort aus gelangt Dampf zu einer Turbine, die elektrischen

21 M. Kaltschmitt, W. Streicher, A. Wiese 2006, S. 612
22 a.a.O., S. 615
23 a.a.O., S. 615
24 a.a.O., S. 613

Strom erzeugt. Ein Gebläse saugt ständig Außenluft an, damit sie sich in dem Receiver erhitzen kann.

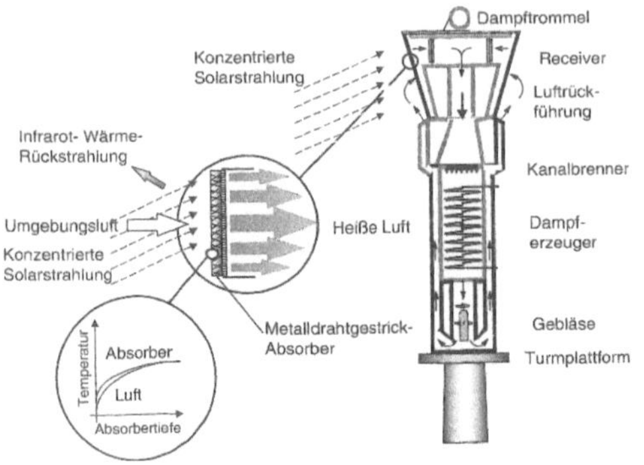

Ein offener, volumetrischer Luftreceiver hat geringe thermische Rückstrahlverluste, da durch die vom Gebläse angesaugte kältere Luft die Oberfläche des Absorbers gekühlt wird.

Abb.4 Schematische Darstellung eines offenen, volumetrischen Luftreceivers[25]

Durch die gering gehaltene Temperatur fallen die Verluste daher im Vergleich zu den Wasser-/Dampf-Receivern niedrig aus. Ein gutes Beispiel für einen offenen, volumetrischen Luftreceiver ist der Solarturm in Jülich, welcher ca. 60 Kilometer von Köln entfernt ist. 2.000 bewegliche Spiegel lenken die einfallende Solarstrahlung auf den 60 Meter hohen Turm, wo sie am 22,7 m² großen Receiver eine Temperatur von 700°C erzeugen. Die elektrische Nennleistung der Anlage beträgt 1,5 MW.[26]

2.3 Parabolrinnen-/Paraboloidkollektoren

Parabolrinnen-/Paraboloidkollektoren bauen auf dem selben Prinzip auf, wie die Heliostaten (Solarturmkraftwerke), nur dass bei dieser Bauweise Spiegel und Receiver vereint in einer Apparatur auftreten. Man unterscheidet hier wieder zwischen verschiedenen Bauweisen, von denen ich die zwei, die in der Überschrift genannt sind, erläutern werde: Die Parabolrinnenkollektoren, sowie die Paraboloidkollektoren. Beide Bauweisen haben keinen zentralen Turm mit Receiver, der von mehreren beweglichen Spiegeln umzingelt wird, sondern sind eigenständige „kleine Kraftwerke", die dem Stand der Sonne folgen und immer genau auf den Receiver vor ihnen mit entweder einem Brennpunkt oder einer Brennlinie konzentriert sind.

Die ***Paraboloidkollektoren*** haben einen parabolisch gekrümmten Konzentrator (Dish), der die einfallende Solarstrahlung auf den Receiver vor ihm auf einem Punkt konzentriert.

25 M. Kaltschmitt, W. Streicher, A. Wiese 2006, S. 613
26 DLR, Institut für Solarforschung (13.04.2017)

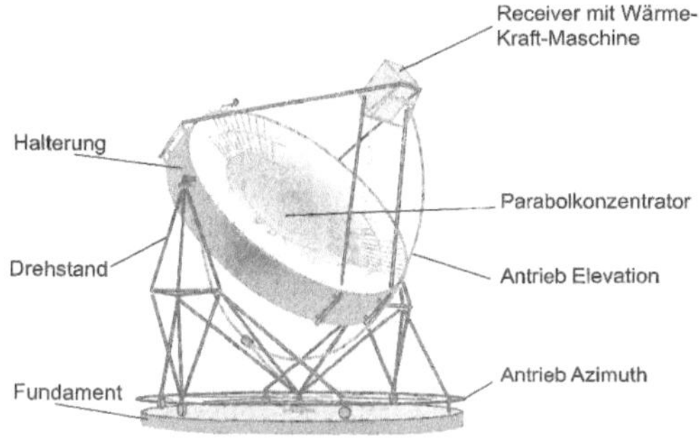

Der Receiver ist erneut mit einer Wärmekraftmaschine und Generator verbunden, der Strom erzeugt. Zusätzlich verfügt ein Paraboloidkollektor über eine Ausrichtungstechnik, die es ihm ermöglicht, dem Stand der Sonne – wie bei den Heliostaten - zweiachsig frei zu folgen.

Abb.5 Funktionsprinzip eines Paraboloidkollektors[27]

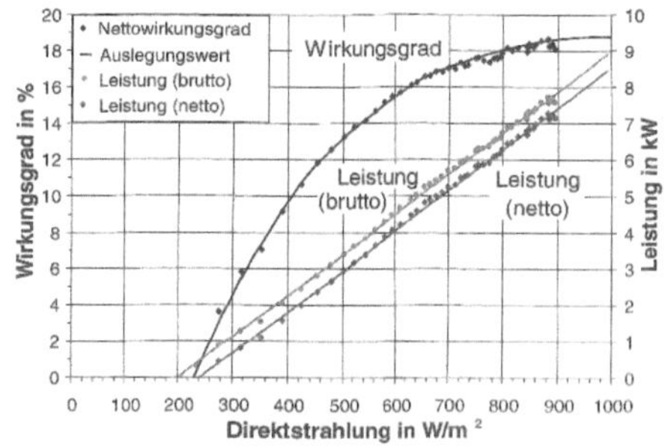

Trotzdem ist bei dieser Apparatur eine zu große Direktstrahlung nicht wünschenswert, da der Wirkungsgrad und die Leistung zu einem bestimmten Punkt nicht mehr steigen, wie hier zu sehen ist.

Abb.6 Wirkungsgradverlauf eines Paraboloid-(Dish-)Systems[28]

Parabolrinnenkollektoren sind im Gegensatz zu Paraboloidkollektoren linienkonzentrierte solarthermische Stromerzeugungsanlagen. Sie konzentrieren die einfallende Solarstrahlung nicht auf einen bestimmten Brennpunkt im Raum, der das Wärmeträgermedium erhitzt, sondern konzentrieren die Solarstrahlung entlang einer Brennlinie. Die Brennlinie wird durch einen parabelförmigen Spiegel ermöglicht. Dabei wird das Wärmeträgermedium durch das Rohr, auf welchem die Brennlinie aufliegt gepumpt und so zu dem Dampferzeuger geführt, wo eine Dampfturbine mit Generator angeschlossen ist. Der Großteil des derzeit kommerziell produzierten Stroms aus solarthermischen Anlagen kommt aus solchen Parabolrinnen-Kraftwerken.

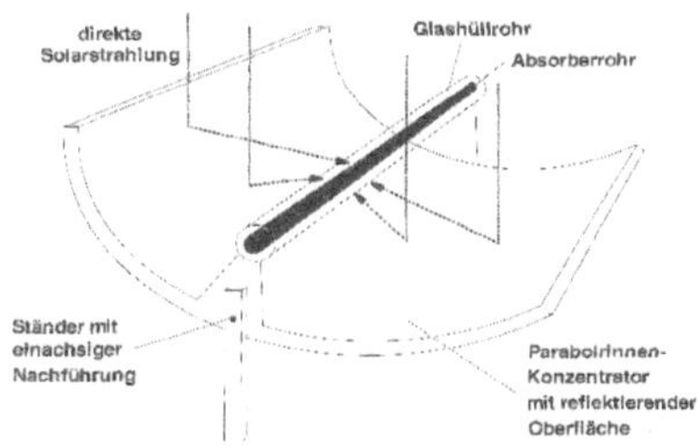

Abb.7 Darstellung eines Parabolrinnenkollektors[29]

27 M. Kaltschmitt, W. Streicher, A. Wiese 2006, S. 621
28 a.a.O., S. 630
29 a.a.O., S. 631

3 Ökologische/Ökonomische Aspekte im Vergleich

Da es bei dem übergeordneten Thema „Nachhaltigkeit“ auf den Nutzen und auf die Folgen des Baus von solarthermischen Kraftwerken ankommt, spielt das Kapitel der ökologischen, sowie ökonomischen Aspekte von Solarthermiekraftwerken eine wichtige Rolle. Wie bereits in dem Kapitel Technik angesprochen wurde, kann man solarthermische Stromerzeugung auf zwei Arten herbeiführen: Aus „reiner“ Solarkraft oder unter Zufeuerung von fossilen Brennstoffen für mehr Volllaststunden im Jahr und mehr Produktion. Solche „hybriden“ Solarthermiekraftwerke haben folglich eine höhere CO_2-Äquivalente, als „reine“ Kraftwerke. Hybrid-Systeme seien daher eher besser geeignet für die Markteinführung, doch eine Zufeuerung mit fossilen Brennstoffen sollte bald durch Wärmespeicher ersetzt werden können.[30] Um nach der Darlegung der Fakten ein Fazit präsentieren zu können, werden hier die Solarthermiekraftwerke mit Photovoltaikanlagen, sowie anderen Energiequellen verglichen. Dabei kommt es auf die Schadstoffemissionen beim Bau und beim Betrieb eines Kraftwerks an.

3.1 Ökologische Aspekte

Als Gesamtkonzept sind solarthermische Kraftwerke umweltfreundlicher, als herkömmliche Gas- und Dampfkraftwerke (GuD) oder Kohlekraftwerke. Während bei solarthermischer und windtechnischer Stromerzeugung nur 0,21 bis 0,25 MJ energetischer aufbrauchbarer Ressourcen pro Kilowattstunde verbraucht werden, betragen die Werte bei Kohlekraftwerken 7,5 bis 9,4 $\frac{MJ}{kWh}$ [31]. Auch bei den Hybrid-Systemen ist der Verbrauch erschöpflicher energetischer Ressourcen von allen Kraftwerken mit Zufeuerung oder Verbrennung von fossilen Brennstoffen am niedrigsten.[32] Da der Bau eines solarthermischen Kraftwerks nur in Ländern im Sonnengürtel als sinnvoll erscheint, muss der produzierte Strom über Hochspannungsgleichstromübertragungen (HGÜ) transportiert werden. Die Verluste bei HGÜ-Anlagen der 1200-MW–Klasse haben einen Verlust von 70 MW je 1000 km Strecke und an den Konverterstationen gehen 0,6% verloren. Aufgrund dieser Teilverluste beträgt der Gesamtverlust bei einer ca. 2000 km Strecke von beispielsweise Almería/Südspanien nach Bremen/Deutschland um die 160 MW. Die Umweltauswirkungen in Form von Treibhausgasemissionen erhöhen sich so um 15%.[33] Bei Transport von Strom fällt das Ergebnis für solarthermische Stromerzeugung daher

30 G. Weinrebe 2000, S. 124
31 a.a.O., S. 122
32 a.a.O., S. 124
33 a.a.O., S. 123

ungünstig aus. Dennoch haben Solarthermiekraftwerke eine Möglichkeit, die eingefangene Wärme in Wärmespeicher zu speichern, so dass eine gewisse Produktionsstabilität auch bei nicht gleichbleibender Sonneneinstrahlung herrscht. So kann den gewünschten Anforderungen der Verbraucher nachgegangen werden.

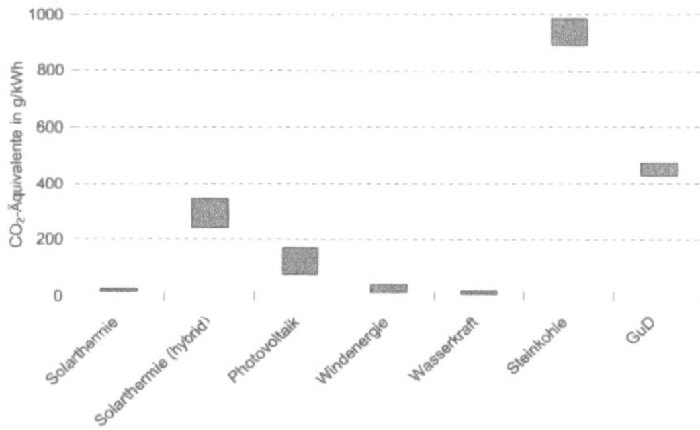

Abb.8 Diagramm zur CO_2 - Äquivalente für verschiedene Kraftwerkstechniken[34]

Dieses Diagramm fasst die CO_2-Äquivalente der einzelnen Kraftwerke zusammen. Deutlich zu sehen ist, dass die „reine" Solarthermie im Gegensatz zu Steinkohle oder selbst Photovoltaik geringere Schadstoffemissionen aufweist.

3.2 Ökonomische Aspekte

Für die Länder, die in die Energieforschung investieren, ist es von großer Bedeutung zu wissen, ob und wie die neue Stromerzeugungstechnik bei dem Stromnetz und bei den damit verbundenen Verbrauchern anschlägt. Deshalb werden Resultate aus der Energieforschung auf ihre Wirtschaftlichkeit und Effizienz geprüft. Dabei ist es wichtig, dass neu angeschaffte Techniken sich als effizienter und als allgemein besser erweisen, als die bereits vorhandenen Techniken. Hier ist ein Vergleich zwischen weiteren verschiedenen regenerativen Energiequellen von Vorteil, besonders unter dem Gesichtspunkt der Kosten des nachher produzierten Stroms. Obwohl Strom aus solarthermischer Erzeugung teurer ist, als Strom aus GuD´s oder Steinkohle-Kraftwerken, ist er genauso teuer, wenn nicht sogar günstiger, als Strom aus wasserenergetischer Erzeugung und viel günstiger als Strom aus Photovoltaikanlagen. Dies ist der Stand aus dem Jahre 2000.

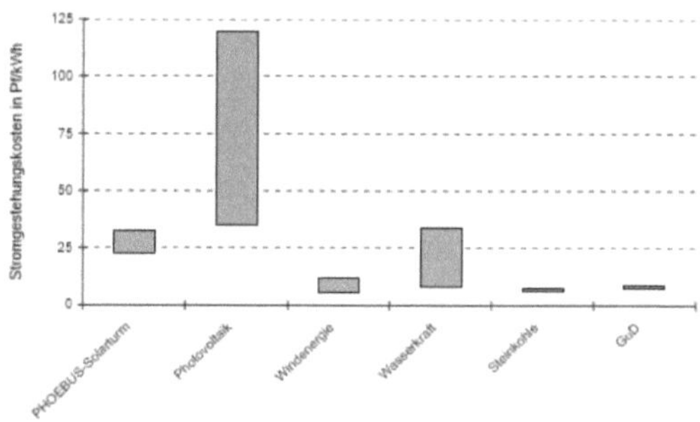

Abb.9 Diagramm zu den Stromkosten in Pfennig pro kWh[35]

34 G. Weinrebe 2000, S. 122
35 a.a.O., S. 139

Doch im Laufe der Jahre entwickelten sich die Photovoltaikanlagen weiter und sind heutzutage in der Lage, Strom zu produzieren, welcher günstiger ist, als Strom aus solarthermischen Kraftwerken. Z.B. kostet ein Kilowatt bei einer großen Photovoltaikanlage und niedrigen Investitionen 1000€, während bei einem solarthermischen Kraftwerk die Preise der Investitionen in €/KW bei 2800€ bis 6000€ liegen.[36]

4 Vergleich zu weiteren regenerativen Energiequellen

Solarthermiekraftwerke haben durch andere regenerative Energiequellen eine relativ starke Konkurrenz auf dem heutigen Markt. Zum einen sind Solarthermiekraftwerke – hauptsächlich wegen zu wenig Sonneneinstrahlung - nicht gerade lokal in Deutschland vorzufinden, sondern eher in relativ warmen Ländern am Sonnengürtel. So sind sie für den Betrieb in Deutschland ungeeignet und die Kosten an Material und Energie zur Bereitstellung von Hochtemperaturwärme sind einfach zu hoch. Deswegen lässt sich hier allenfalls Niedertemperaturwärme durch diffuse Himmelsstrahlung erzeugen.[37] Insgesamt ist der Bau von Solarthermiekraftwerken in Deutschland für den normalen aktiven Betrieb dadurch beschränkt, weshalb es kein lukratives Geschäft ist. Der Transport des in südlichen Ländern produzierten Stroms erweist sich wegen des Verlusts durch die Hochspannungsgleichstromübertragungen auch als schwierig, nicht aber als unmöglich.

Im Vergleich zu z.B. Photovoltaik ist die Solarthermie aufgrund ihrer höheren Stromproduktionskosten unterlegen. Solarthermische Kraftwerke verfügen aber über einen Wärmespeicher, der die absorbierte Wärme auch dann freigeben kann, wenn nur wenig Solarstrahlung absorbiert wird, z.B. in der Nacht. Photovoltaikanlagen sind unter dem Gesichtspunkt der Produktionsstabilität unterlegen, weswegen eine aktive Haushaltsversorgung nur aus Photovoltaikanlagen bestehend ungeeignet wäre. Durch den Bau und Betrieb werden auch beispielsweise bei „reinen“ Solarthermiekraftwerken weniger Schadstoffe produziert, wie bereits unter dem Punkt „Ökologische Aspekte“ beschrieben wurde. Somit erweist sich die Stromproduktion durch solarthermische Kraftwerke als eine vielversprechende und zukunftsorientierte Versorgungsmethode von Haushalten, selbst wenn der Strom von außerhalb der eigenen Landesgrenzen kommt.

5 Entwicklung - Desertec Foundation

5.1 Ziel und Konzept der Desertec Foundation

Die Desertec Foundation ist ein weltweites Non-Profit-Unternehmen, das sich das Ziel

36 Fraunhofer-Institut für solare Energiesysteme ISE 2013, S. 12
37 Karl Strauß 2006, S. 480

gesetzt hat, mit Hilfe der Sonne in Wüsten Strom zu produzieren.[38] Das Konzept, in Wüsten Strom zu produzieren und so Entwicklungsperspektiven für alle Menschen zu ermöglichen, stammt von der 2003 gegründeten „Trans-Mediterranean Renewable Energy Cooperation" (TREC), welches ein internationales Netz aus Politikern, Wissenschaftlern und Ökonomen ist. Von dem DLR[39] wurden wissenschaftliche Studien durchgeführt, welche ein Szenario präsentierten, bei dem bis 2050 durch die Nutzung von der Wüstensonne zwei Drittel des steigenden regionalen Energiebedarfs gedeckt werden, um etwa 17% des EU-Strombedarfs zu decken. Jene Ziele seien durchaus realisierbar und würden den Partnern auch ökologische und ökonomische Vorteile bieten.[40] Die Desertec Foundation setzt auf die solarthermische Stromproduktionstechnik, da nur hier die Möglichkeit besteht – im Gegensatz zu Photovoltaikanlagen – in der Nacht, sowie bei Bewölkung eine Produktionsstabilität herbeizuführen.

5.2 Kritik an der Desertec Foundation

Der SPD-Energieexperte Hermann Scheer sagte in einem Interview, dass durch Desertec Energie-Monopole entstehen könnten.[41] Laut Scheer sei das Projekt ohnehin „nicht ausreichend politisch und wirtschaftlich betrachtet worden".[42] Er meint auch, dass es durch Desertec zu einer Verzögerung des Ausbaus der erneuerbaren Energien in Deutschland kommen würde.[43] Der Energieexperte Matthias Ruchser vom Deutschen Institut für Entwicklungspolitik sagte, dass der Strom aus der Sahara zu viel kosten würde.[44] Lars Joseffson, der Konzernchef des Energiekonzerns Vattenfall fasste das Projekt als unrealistisch zusammen, da es zu viel Geld kosten würde und sich Europa in Abhängigkeit von nordafrikanischen, politisch instabilen Ländern begebe, was das Risiko terroristischer Anschläge erhöhe.[45]

6 Fazit

In dieser Facharbeit habe ich eine Energiegewinnungsmethode beschrieben, die viel mit dem Begriff „Nachhaltigkeit" zu tun hat. Sie ist regenerativ, also im Prinzip - für unsere Erde – nicht verbrauchbar. Stromerzeugung durch Solarenergie ist eine vielversprechende Technik, bei der es sich zu investieren lohnt, da es eine schadstoffarme Stromversorgung von Haushalten ist. Ich glaube aber, dass jetzt noch nicht der Zeitpunkt

38 Desertec Foundation
39 Deutsches Zentrum für Luft- und Raumfahrt
40 Zusammenfassung der DLR-Studien
41 Jens Lubbadeh 2009
42 Yasmin El-Sharif 2009
43 Jens Lubbadeh 2009
44 Ebd.
45 Stefan Schultz 2009

gekommen ist, an dem man fossile Kraftwerke abschaltet, um nur noch auf regenerative Energien zu setzen. Dafür sind die Techniken noch zu unterentwickelt und die Zustimmung seitens der am Ende bestimmenden Personengruppen zu klein.

Trotzdem glaube ich - wenn es mal dazu kommen sollte, dass die fossilen Kraftwerke abgeschaltet werden, um Platz für erneuerbare Energien zu schaffen – dass Solarthermie mehr Erfolg auf dem globalen Markt haben wird, als Photovoltaikanlagen und weitere regenerative Energiequellen. Solarthermie bietet die Möglichkeit, dann Strom so zu produzieren, dass die Verbraucher zufrieden sind, auch wenn keine Sonne scheint. Durch „hybride“ Solarthermiekraftwerke lässt sich auch unter Zufeuerung von kleinen Mengen fossiler Brennstoffe ein stabiles Produktionsniveau einstellen, weswegen auf das lange Hochfahren von zusätzlichen Kraftwerken verzichtet werden kann. In der heutigen Zeit ist Strom aus Photovoltaikanlagen zwar günstiger, aber wenn die Technik der Solarthermie stetig weiterentwickelt wird, gibt es eine große Chance, dass dies die Energiequelle der Zukunft ist. Verluste durch z.B. HGÜ´s werden durch häufigeres Auftreten solcher Kraftwerke beglichen und als Folge sind Strom und die Investitionskosten nicht mehr so teuer. Sollte die Desertec Foundation erfolgreich mit der Durchführung ihres Konzepts und Projekts sein, so kann ich mir vorstellen, dass wir bald mit solarthermisch produziertem Strom aus Spanien, Afrika oder anderen südlichen Ländern unsere Haushalte versorgen.

Konkurrenz zwischen verschiedenen Produkten der gleichen Kategorie auf dem globalen Markt gibt es ständig, seien es jetzt Mobiltelefone oder auch Fahrzeuge. Doch es gilt zu unterscheiden, welche Technik zwischen jenen verschiedenen Produkten nun besser ist. Welche ist vielversprechender, welche zukunftsorientierter? In Bezug auf den Vergleich der solarthermischen Kraftwerke und andere regenerative Energiequellen ist das Konzept der Energiegewinnung durch Sonnenwärme nur eine weitere Technik auf dem Globalmarkt, aber immerhin eine schon eher nachhaltigere Methode zur Stromerzeugung.

7 Anhang

Abb.11 Bild von Solarturm Jülich, Deutschland

8 Literaturverzeichnis

Bücher

GROBER, Ulrich: Natur und Landschaft.

Urtexte – Carlowitz und die Quellen unseres Nachhaltigkeitsbegriffs. 2013

HERZBERG, Hans: Kolonie und Heimat.

Die Sonnenkraftmaschine, eine ideale Kraftmaschine für die Tropen. 1914

STRAUSS, Karl: Kraftwerkstechnik.

Zur Nutzung fossiler, nuklearer und regenerativer Energiequellen. 2006

KALTSCHMITT, M.; STREICHER, W.; WIESE, A.: Erneuerbare Energien.

Systemtechnik, Wirtschaftlichkeit, Umweltaspekte. 2006

ACHENBACH, Timm: BMBF-Projekt RaSol.

Entwicklung eines Randmoduls für Solarturmkraftwerke mit offenem volumetrischem Receiver zur Nutzung der Strahlung im Receiverrandbereich. 2013

Dissertation/Habilitation

SCHRAMEK, Philipp: Mehrtürmige Solaranlage – MTSA. 2001

TIMINGER, Andreas: Sekundärreflektoren für Solarturmkraftwerke. 1999

WEINREBE, Gerhard: Technische, ökologische und ökonomische Analyse von solarthermischen Turmkraftwerken. 2000

Internetquellen

HDA: Weltgrößtes Solarkraftwerk hat Betrieb aufgenommen (Stand: 13.04.2017) Unter:

http://www.spiegel.de/wirtschaft/unternehmen/kalifornien-weltgroesstes-solarturm-kraftwerk-geht-in-betrieb-a-953685.html

Solarthermisches Versuchskraftwerk Jülich (Stand: 13.04.2017) Unter:

http://www.dlr.de/sf/desktopdefault.aspx/tabid-8560/15527_read-44867/

W. Blum: Geniestreiche (IX): Wie die Solarzelle zum Licht fand (Stand: 17.04.2017) Unter:

http://www.zeit.de/1996/20/solar.txt.19960510.xml

Desertec (Stand: 19.04.2017) Unter:

www.desertec.org

Zusammenfassung der DLR-Studien (nicht mehr abrufbar, Stand: 20.04.2017) Unter:

http://www.desertec.org/fileadmin/downloads/WhiteBook_Excerpt_Trieb_Steinhagen.pdf

Fraunhofer-Institut für solare Energiesysteme ISE, Stromgestehungskosten Erneuerbare Energien (Stand 20.04.2017) Unter:

https://www.ise.fraunhofer.de/content/dam/ise/de/documents/publications/studies/DE2013_ISE_Studie_Stromgestehungskosten_Erneuerbare_Energien.pdf

Jens Lubbadeh: Projekt Wüstenstrom, Superkraftwerk Sonne, 7. Teil: Kritik an Desertec (Stand: 20.04.2017) Unter:

http://www.spiegel.de/wissenschaft/technik/projekt-wuestenstrom-superkraftwerk-sonne-a-663824-7.html

Yasmin El-Sharif: Experten zweifeln an Wüstenstrom-Wunder (Stand: 20.04.2017) Unter:

http://www.spiegel.de/wirtschaft/desertec-projekt-experten-zweifeln-an-wuestenstrom-wunder-a-635811.html

Stefan Schultz: Vattenfall-Chef wettert gegen Strom aus der Sahara (Stand: 20.04.2017) Unter:

http://www.spiegel.de/wirtschaft/projekt-desertec-vattenfall-chef-wettert-gegen-strom-aus-der-sahara-a-631699.html

Abb.11 Bild von Solarturm Jülich, Deutschland (Stand: 20.04.2017) Unter:

http://www.dlr.de/sf/Portaldata/73/Resources/images/juelich/Solarturm-Juelich-Luftbild_Highres_570x321.jpg